왜 마스크를 써요?

왜 마스크를 써요?

매들린 타일러 글
이계순 옮김
서영균 감수

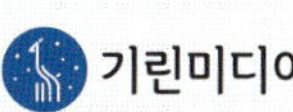
기린미디어

차례

이렇게
밑줄이 그어진
단어의 뜻은
26쪽에 있어요.

세균이란?

세균은 너무 작아서 눈으로 볼 수 없어요. 세균은 대부분 우리에게 해를 끼치지 않아요. 하지만 우리 몸에 들어와서 병을 일으키는 세균도 있지요.

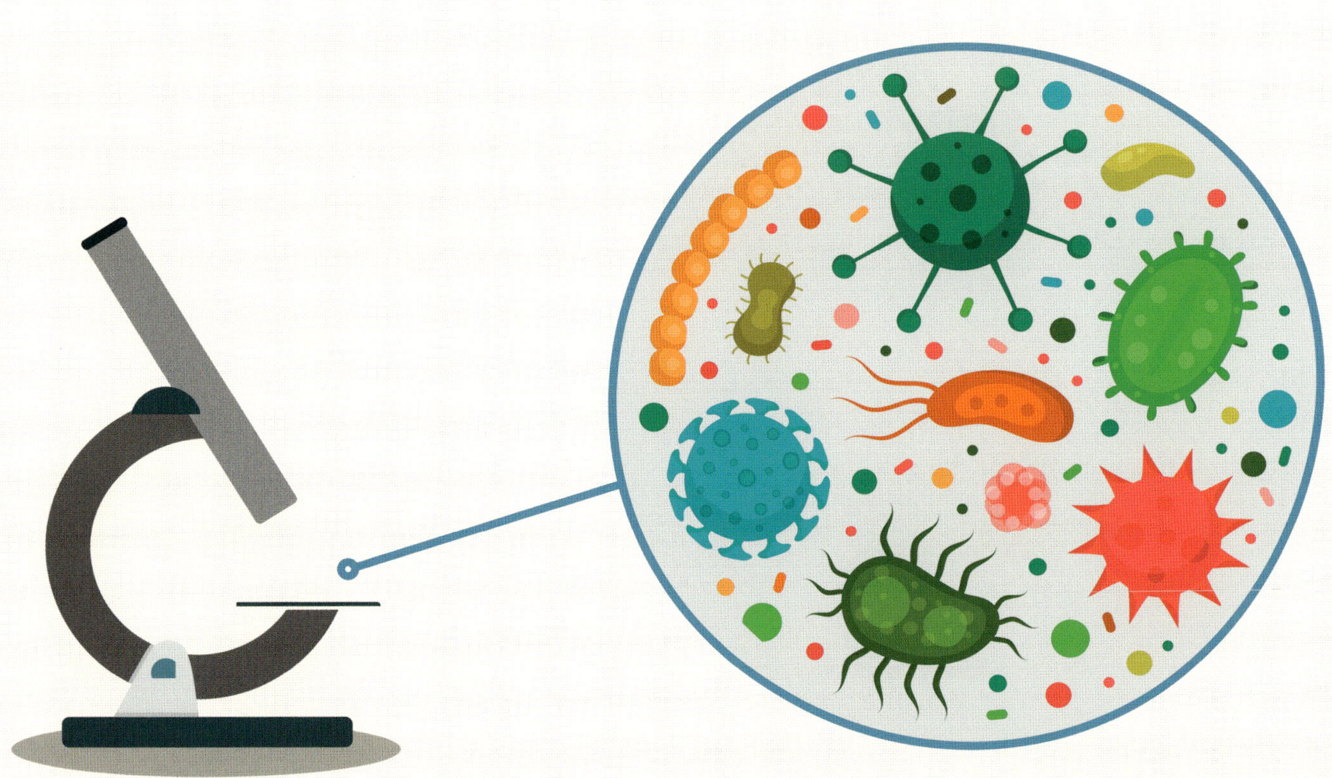

세균은 우리 피부와 물건의 겉쪽에도 살아요.

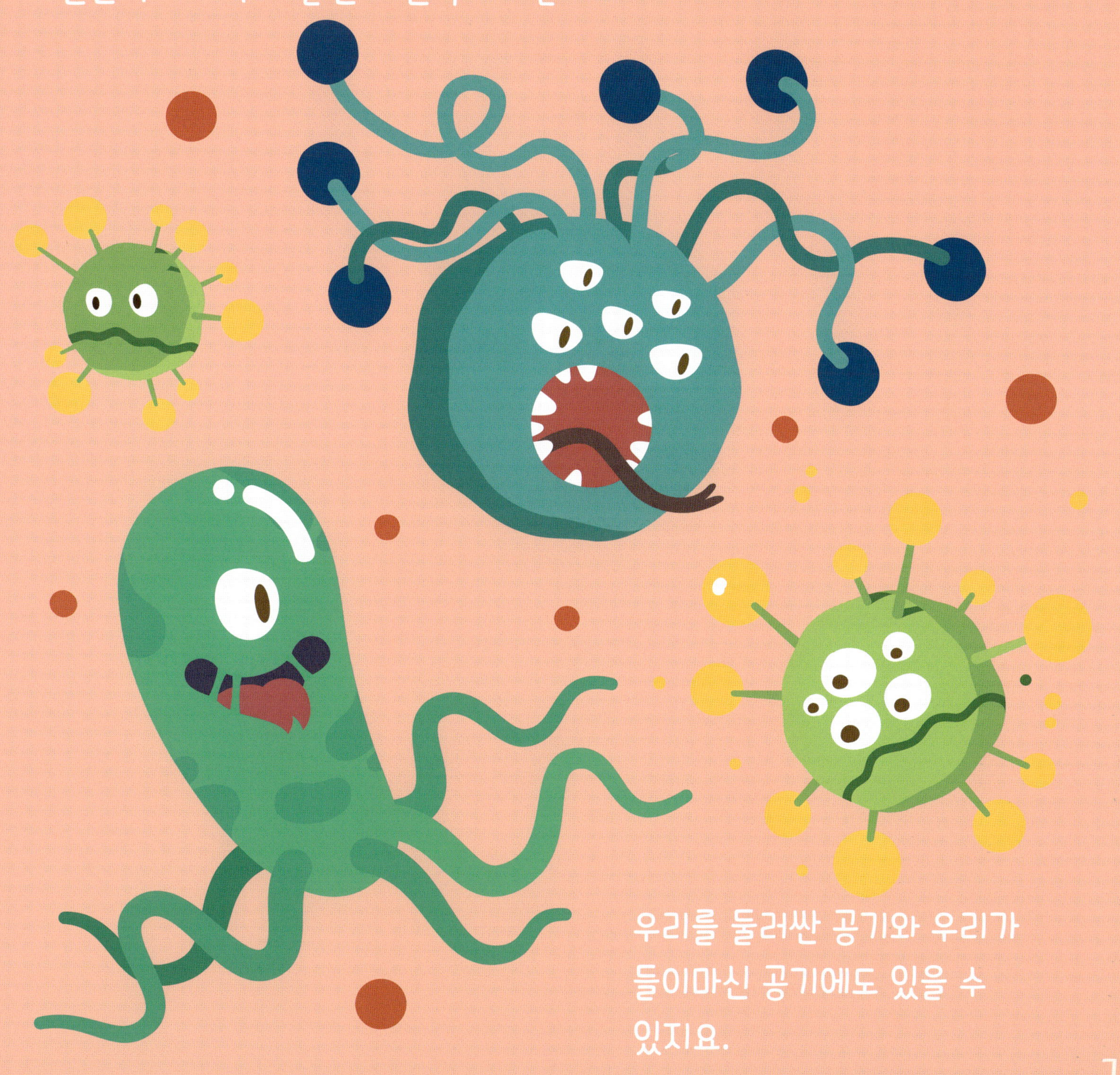

우리를 둘러싼 공기와 우리가
들이마신 공기에도 있을 수
있지요.

세균은 어떻게 퍼질까요?

어딘가에 세균이 잔뜩 묻어 있더라도 우리는 알 수 없어요. 눈에 보이지 않으니까요. 그래서 손으로 이 물건 저 물건 만지면서 세균을 이쪽에서 저쪽으로 퍼뜨릴 수 있어요.

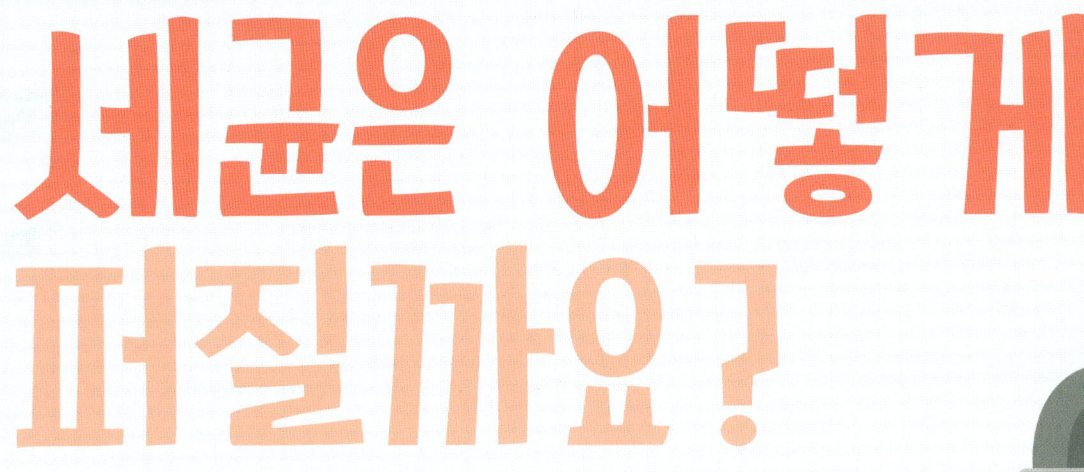

그러니
손을 자주 씻어서
손에 묻어 있을지도
모르는 세균을
없애야 해요.

코와 입에 있던 세균은 우리가 숨을 쉬거나 기침 또는 재채기를 할 때 공기 속으로 튀어나와요. 튀어나온 세균은 어딘가로 떨어지거나 누군가 숨을 쉴 때 그 안으로 빨려 들어가기도 하지요.

마스크는 왜 써야 할까요?

마스크는 우리와 주위 사람들이 병에 걸리지 않도록 보호해 줘요. 마스크를 쓰면 세균이 퍼지는 것을 막을 수 있거든요.

마스크는 코와 입에서 나온 세균이 공기 속으로 나가지 못하게 막아 줘요.
그리고 공기 속의 세균이 우리 코와 입으로 들어가지 못하게 막아 주고요.
마스크를 쓰면 숨 쉴 때 세균을 들이마시는 일을 막을 수 있어요.

어떤 걸 써야 할까요?

얼굴을 가릴 수 있는 건 여러 가지가 있어요. 코와 입을 가리는 마스크도 있고 얼굴 전체를 가리는 투명 얼굴 가리개도 있어요. 세균이 퍼지지 않도록 하려면 코와 입을 가리는 마스크를 써야 해요.

재사용할 수 있는
천 마스크(O)

투명 얼굴
가리개(X)

마스크 대신 다른 천을 쓰기도 해요. 하지만
우리 몸을 지키려면 마스크를 써야 해요.

스카프(X)

손수건(X)

의료용 마스크(O)

목 토시(X)

마스크 쓰는 법

마스크를 쓸 때는 코와 입, 턱을 완전히 덮어야 해요. 얼굴과 마스크 사이에 틈이 없는지 확인하고요.

마스크를 쓰기 전에는
꼭 손을 씻어야 해요.

쓰고 있을 때는 마스크를
만지지 않도록 해요.

마스크를 벗은 후에도 꼭 손을 씻어야 해요.
혹시 손에 세균이 묻었을지도 모르거든요.

이렇게 쓰면 안 돼요!

마스크는 항상 올바르게 써야 해요. 마스크를 제대로 쓰지 않고 턱에 걸치거나 코가 드러나게 쓰면 안 돼요.

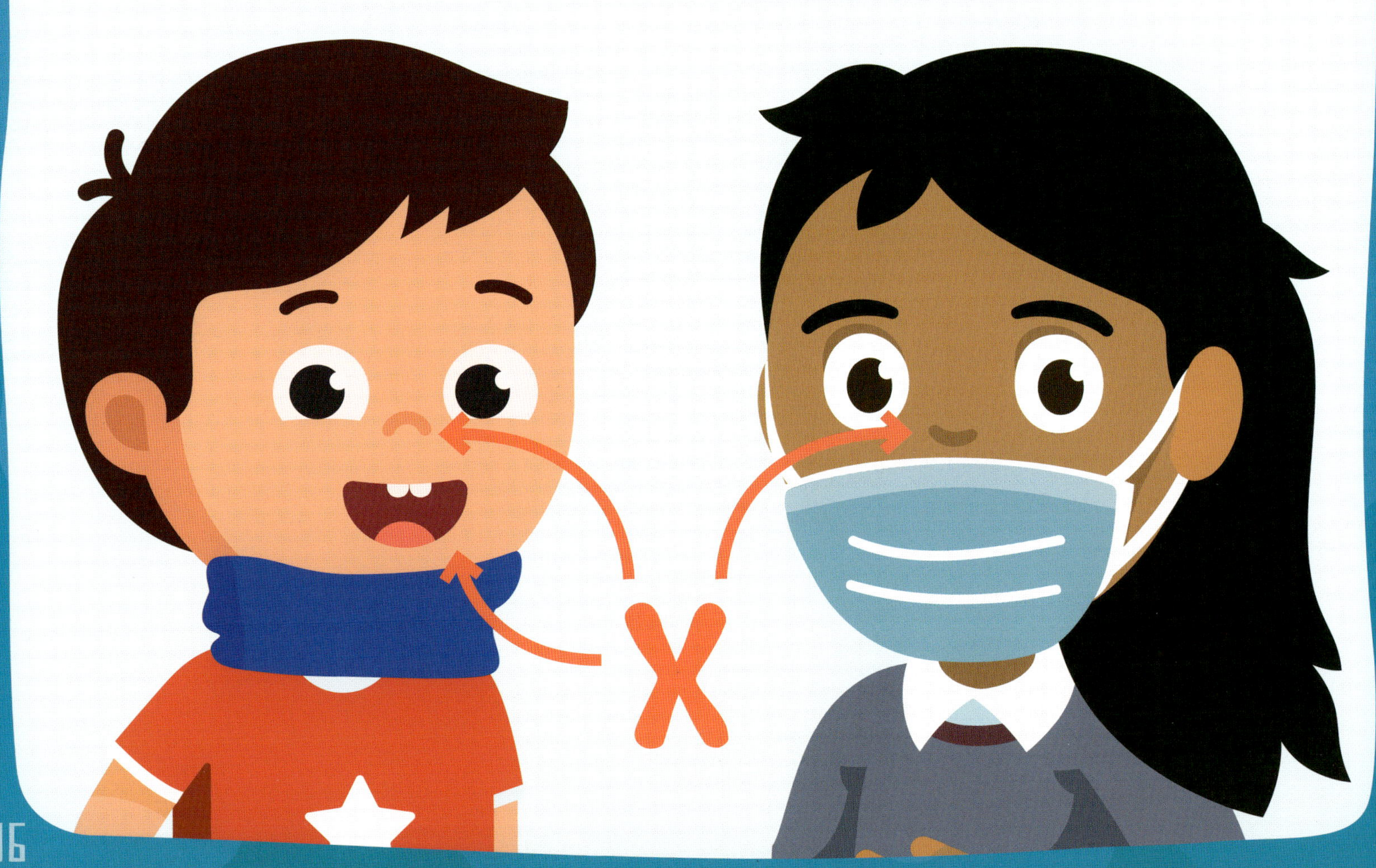

잘못된 방법으로 마스크를 쓰면 우리와 주위 사람들이 병에 걸리기 쉬워요.
세균이 퍼지면서 병도 퍼지니까요.

마스크는 언제 쓸까요?

우리는 평소에 마스크를 잘 쓰지 않아요. 그러나 감기에 걸렸을 때는 마스크를 쓰는 게 좋아요.

코로나19 같은 전염병이 돌 때는 마스크를 꼭 써야 하지요.

이럴 때는 사람들이 많은 가게 같은 곳은 물론이고 밖에서도 마스크를 써요.
마스크를 쓰면 병이 다른 사람으로부터 옮거나 다른 사람에게 옮기지 않게 해 줘요.

마스크를 쓰지 않아도 되는 사람들

모두가 마스크를 써야 하는 건 아니에요. 마스크를 쓰지 않아도 되는 사람도 있어요.

소리가 잘 안 들리는 사람은
다른 사람이 말할 때
입술 모양을 읽어야 해요.
그런 사람들을 위해서
입 부분이 보이도록 만든
마스크를 쓰기도 해요.

집에서 마스크 만들기

재사용할 수 있는 면 마스크를 집에서 만들어 봐요.

마스크 만드는 법

준비물:
- 가로와 세로가 각각 50센티미터인 면 손수건이나 면 조각
- 마스크용 필터 한 장
- 고무줄 두 개

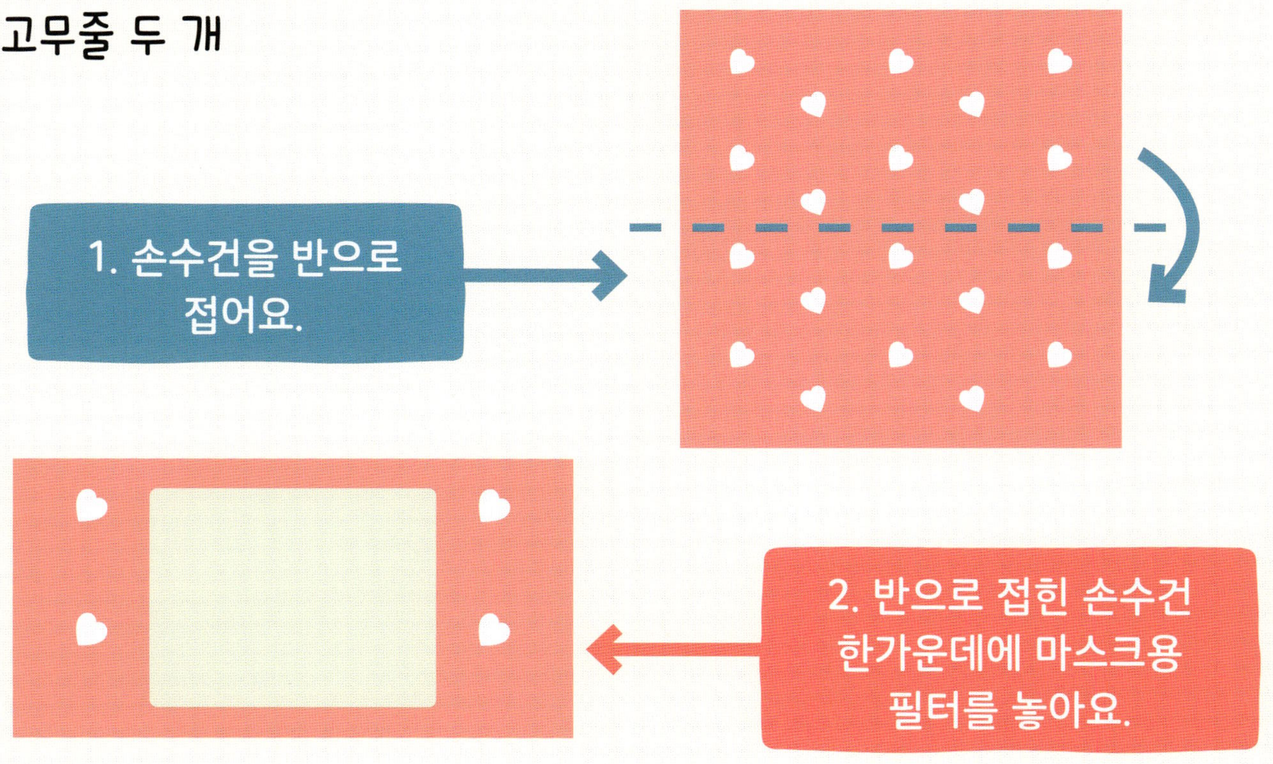

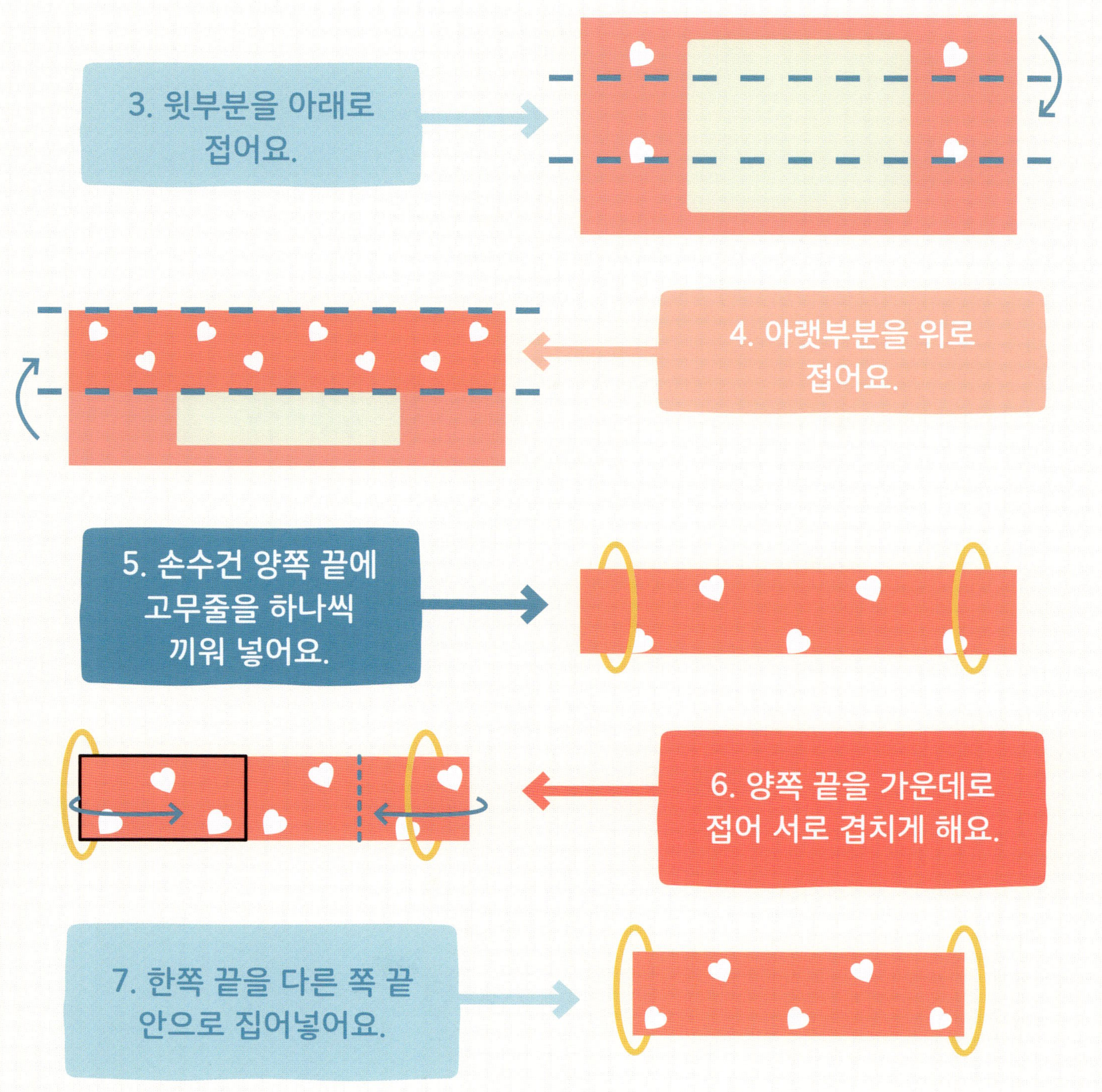

3. 윗부분을 아래로 접어요.
4. 아랫부분을 위로 접어요.
5. 손수건 양쪽 끝에 고무줄을 하나씩 끼워 넣어요.
6. 양쪽 끝을 가운데로 접어 서로 겹치게 해요.
7. 한쪽 끝을 다른 쪽 끝 안으로 집어넣어요.

내가 만든 마스크 쓰기

마스크 관리하기

마스크 종류에 따라 관리하는 방법이 달라요.

무슨 뜻일까요?

목 토시
13쪽

추위나 햇볕을 막기 위해 목 부위에 끼는 토시예요.

세균
6-12, 14, 15, 17쪽

다른 동물이나 식물에 붙어살면서 병을 일으키거나 발효 작용 등을 하는 작은 생물이에요. 박테리아라고도 해요.

일회용
25쪽

한 번만 쓰고 버리도록 만든 거예요.

전염병
11, 18쪽

다른 사람에게 옮길 수 있는 병이에요.

재사용
12, 22, 25쪽

이미 사용한 물건을 다시 쓰는 거예요.

필터
22쪽

다른 물질을 걸러 내는 장치를 말해요.

삐뽀삐뽀 우리 몸

왜 마스크를 써요?

초판 1쇄 발행 2021년 5월 25일 | **초판 2쇄 발행** 2022년 6월 22일
글쓴이 매들린 타일러 | **옮긴이** 이계순 | **감수** 서영균
펴낸이 홍성우 | **책임 편집** 이정은 | **디자인** 박두레
펴낸곳 기린미디어 | **등록** 2016년 4월 26일 제 409-2016-000009호
주소 경기도 김포시 모담공원로 17
전화 0505-302-2381 | **팩스** 0505-300-2381 | **전자우편** girinmedia@daum.net

ISBN 979-11-91142-25-9 74470
　　　979-11-91142-11-2 (세트)

*책값은 뒤표지에 표시되어 있습니다.

*파본이나 잘못된 책은 구입하신 곳에서 바꿔드립니다.

품명 아동 도서 | **사용연령** 5세 이상 | **제조국** 대한민국 | **제조년월** 2022년 6월 22일 | **제조자명** 기린미디어
연락처 0505-302-2381 | **주소** 경기도 김포시 모담공원로 17
주의사항 종이에 베이거나 긁히지 않도록 조심하세요. 책 모서리가 날카로우니 던지거나 떨어뜨리지 마세요.
KC마크는 이 제품이 공통안전기준에 적합하였음을 의미합니다.

이미지 출처

셔터스톡, 게티이미지, 싱크스톡포토, 아이스톡포토
표지, p3 : PPBR, julio chaniago, Nadzin, Dmitry Natashin. 모든 페이지마다 사용된 이미지 : Nadzin, Dmitry Natashin. p6 : Andy
Frith. p7 : Iconic Bestiary. p8 : Glinskaja Olga, yusufdemirci. p9-10 : Iconic Bestiary. p11 : PPBR, julio chaniago. p12-15 : Iconic
Bestiary. p15 : jehsomwang. p16-25 : Iconic Bestiary. p25 : Pemimpi.

글쓴이 매들린 타일러
대학에서 비교 문학을 공부했습니다. 출판사에서 편집자로 일하며 작가로도 활동하고 있습니다. <몬스터 수학> 시리즈를 비롯한 수십 권의 어린이 교양 도서를 썼습니다.

옮긴이 이계순
서울대학교를 졸업했고, 인문사회부터 과학에 이르기까지 폭넓은 분야에 관심을 갖고 공부하는 것을 좋아합니다. 좋은 어린이·청소년 책을 우리말로 옮기는 일에 힘쓰고 있습니다. 옮긴 책으로 《캣보이》, 《1분 1시간 1일 나와 승리 사이》, 《말똥말똥 잠이 안 와》, 《지키지 말아야 할 비밀》, <공룡 나라 친구들 시리즈(전11권)> 등이 있습니다.

감수 서영균
서울대학교 의과대학을 졸업한 의학박사, 가정의학과 전문의입니다. KBS <생로병사의 비밀>, 채널A <나는 몸신이다> 등 다수의 프로그램에 출연했습니다. 현재 한림대학교 성심병원 가정의학과 교수입니다.